WAKE UP EARLY · Find myself · BIRD WATCHING · Learn karate · HAM RADIO · LEARN TO DJ · BI

chop wood · PAINT · GET TAKE-OUT · MAKE CAKES AND TEA · Host dinner party · BREW SOME BE

LOOK OUT THE WINDOW · CLEAN OUT GARAGE · CHECK OUT COMIC-CON · RAVE · Decorate · OPEN ACCO

LEARN A MUSICAL INSTRUMENT · NEW SHOES · Stand-up-paddle board lesson · IMPROVE COMMUNICATION SKILLS · TAKE TAXIS · GET SOME HIGH-THREAD-COUNT SHEETS · TRY

KARAOKE · MAKE CAKE · Listen to K-POP · RIDE BIKES · TACOS · Los Angeles · BUY A PLUSH R

Board games · TAKE A TRAIN TRIP · WRITE MEMOIRS YES · WATCH SOME ROM-COMS · Make an effort

Eat really good · SHOP FOR NEW COFFEE TABLE · Stay up late · JOKES · BUY NEW SUCCULENTS · MAKE A LIST · MEET WIT HA HA

visit faraway places · CROSSFIT · Test-drive electric cars · avoid the news · LEAR

CELEBRATE DAY OF THE DEAD · Hover board · GET IN THE FLOW · SHOP FOR HOUSE WARES · WATCH ROM-COMS · Karaoke

VISIT MONUMENTS · not too much · ENTER COSTUME CONTEST · Life-drawing classes · CLEAN OUT GARAGE · LEAR

check in with work but · BEACH · DARTS · LEARN DANCE MOVES · COUNT STARS · TRY BOBA · YACHT

PUT MY FEET UP

FEELINGS · Visit tree arboratum · GO TO THE ZOO · SKINNY DIPPING · LET MY HOOD DOWN · Read trashy no

o to ball game · DRINKING GAMES · DONATE TO MANATEE CHARITY · OUTLET SHOPPING · TRY O

LISTEN MORE · ORIGAMI · PIES · TRY A HAMBURGER · Take photo class · CARDS WITH THE BOYS · DECORATE HOUSE

VISIT DEATH VALLEY · BUY SOME NEW THROW PILLOW · BACK PACK · SHOTGUN A BEER · ORGANIZE CLOSETS · ENJOY

RESPOND TO OLD EMAILS · TATTOOS · WINE O:CLOCK · CHILL-LAX · BUY SCENTED CAN

MAKE S'MORES · SWIM · SHOOT HOOPS · Work on a nickname · RENT BEACH HOUSE · Shuffleboarding · LOOK HOT :)

STAY HEALTHY · MASSAGE · GO TO A ROCK CONCERT · HAVE FUN · COOK · Smile more · GET

RUN · GET A FACIAL · Check out planetarium · TURN IT UP · SCARE PEOPLE FOR FUN · EAT OUT · PARTYING

BUY NEW PATIO FURNITURE · Pizza · POOL PARTY · UPDATE SOCIAL MEDIA · JUST SAY YES · GET SOME CANDY

CLEAN OUT THE CLOSET · CATCH UP WITH SITCOMS · Throw rager · GO-CART IN THE POCKET · BUY A NEW HAT · S

PLAY WITH THE CAT · Sketching · HOT DOG · FEED PIGEONS · STAY IN THE POCKET · Piña Colada

HOT PRETZEL IN THE PARK

ET · Get a pet · CHANTING · SPIN CLASS · VISIT GHOST TOWNS

UT · STAY COOL · EURO-RAIL · HOLLYWOOD STAR TOUR

PLACE ONLY WIN BET • collect snow globes • WIN A PRIZE • SIT IN A COFFEE SHOP • ROOM SERV

ATCH ANYTHING • VISIT GHOST TOWNS • GO FOR A HIKE • PLAY IN LEAVES • COSTUME PARTIES • HAVE A DRINK OR

Y SPICY FOOD • RIDE A MOTORCYCLE • SIT ON A HILL • listen to birds • PARIS • SLOWING DOWN • SIT ON THE BEACH • LAVO

RUN WITH THE BULLS • Count leaves • WALK IN RAIN • PLAYING • READING A BOOK • Eating ice cream • SLEEP IN WRITIN

AMBLE • GET LIST • GET A MANICURE • UPDATE MY STATUS • Camping • TRAVELING • SKY DIVING •

AX • Chase birds • TRY SPIN • Visit museums • SURF LESSON • SIGHT SEEING • PARASAILING • WAL

T A TRAINER • DANCE • SWIM WITH SHARKS • FINDING THE BALANCE • WATCHING MOVIES • Playing in rain • TA

AT GOOD • RUN • take pictures • SLEEP • Going on a date • CLIMBING MTS

COACH • TAKE A BATH • UPGRADE WARDROBE • JOIN A GYM • GETTING A HOBBY • SWIMMING

CK FLOWERS • (EVEN DEAD ONES) • MAKE SAND CASTLE • SEE THE COUNTRY • take a class • RELAX • ROAD TRIP

OOK • jump in puddles • Make art • MEET THE NEIGHBORS • THEATER • fishing

WIM • SHOUT OUT LOUD • GET OUT MORE • REFLECT ON THINGS • Go shopping • HAVE A PARTY

SLACK LINE • SEE A RODEO • sit real still • WRITE A POEM

BUY SOUVENIRS • walk in creek • WATCH THE SUN RISE • take my time

EXERCISE • MAKE A SNOWMAN • PLAY IN THE SNOW • UPGRADE MY PHONE • HAVE

E GAMING • GO TO A FAIR • SEE • Visit open houses • LET THINGS GO • DO SOME YARD WORK • GO TO BRUNCHES • AFFI SMIL

AKE SNOW ANGEL • PARTY • EUROPE • RENT A BOAT • SWIM WITH DOLPHINS • SEE WHAT HAPPY HOUR IS ALL ABOU • COCO

MAKE FRIENDS • LEARN TO DJ • CELEBRATE

GENEROUS • DOCUMENT MY TRAVELS • Buy a suit • CHECK OUT COACHELLA • Ride the subway

AYBE GET • VISIT THE AMISH • PET

EETS • RIDE A ROLLER COASTER • SPEAK TO TRAVEL AGENT • Watch the sunset • WALK IN MEADOW

RBNB • HELP OTHERS • stare at stuff as long as I want • HOME IMPROVEMENTS • BUY NEW TOWELS • CARVE PUMPKI

READ Modern love • MAKE A DATING PROFILE • TRY SMOKING • SKIING • Read the paper • MASSAGE

ON • BAKING • BUY SOME ART • (NOT GONNA KILL ME :) • FIND SOMEONE SPECIAL

ALLING • BUNGEE JUMP • JOIN A BOWLING LEAGUE • ENJOY A SENIORS CRUISE • (FIR FUN THIS T

Plan for the future • Roller derby • CERAMICS CLASS • TEND TO THE PLANTS

UPGRADE MY SEAT • SNACKS • CATCH UP ON THE NEWS

SOME

DEATH WINS A

死神休假～撈金魚

GOLDFISH

REFLECTIONS FROM A GRIM REAPER'S
YEARLONG SABBATICAL

Brian Rea 布萊恩·雷

李建興 譯

獻給米可

　　謹此感謝 Bridget Watson Payne、Natalie Butterfield、Allison Weiner 和 Chronicle 公司團隊的其他人；Leonardo Santamaria 的無窮協助；Paul Rogers、Nicholas Blechman 和 Paul Sahre 的啟發與友誼；Pablo Delcan 的配合；老媽和老爸對這本書的啟發；Lucienne Brown 的歡笑與編輯支援；Ron Minard 教我如何生活；Nilsson 家族分享他們的小島；Mike Rea 和 Paul Rea 的兄弟之情；Eric Hoover 和 Betty Mae Flaherty 願意相信我；Chick 叔叔給了我充滿好故事的童年；還有 Kristina Nilsson 的愛。

死神休假～撈金魚 <><

Death Wins A Goldfish: Reflections from a Grim Reaper's Yearlong Sabbatical

作　　者　布萊恩・雷（Brian Rea）
譯　　者　李建興

野人文化股份有限公司

社　　長　張瑩瑩
總 編 輯　蔡麗真
主　　編　蔡欣育
責任編輯　王智群
封面設計　ZZdesign
內頁排版　菩薩蠻數位文化有限公司
行銷企劃　林麗紅

讀書共和國出版集團

社長　郭重興
發行人兼出版總監　曾大福
業務平臺總經理　李雪麗
業務平臺副總經理　李復民
實體通路協理　林詩富
網路暨海外通路協理　張鑫峰
特販通路協理　陳綺瑩
印務　黃禮賢、李孟儒

野人文化官方網頁

野人文化讀者回函
您的寶貴意見，將是我們進步的最大動力。

出　　版　野人文化股份有限公司

發　　行　遠足文化事業股份有限公司

　　　　　地址：231 新北市新店區民權路 108-2 號 9 樓

　　　　　電話：(02)2218-1417　　傳真：(02)8667-1065

　　　　　電子信箱：service@bookrep.com.tw

　　　　　網址：www.bookrep.com.tw

　　　　　郵撥帳號：19504465 遠足文化事業股份有限公司

　　　　　客服專線：0800-221-029

法律顧問　華洋法律事務所　蘇文生律師

印　　製　凱林彩印股份有限公司

初　　版　2020 年 11 月

國家圖書館出版品預行編目 (CIP) 資料

死神休假～撈金魚 / 布萊恩・雷 (Brian Rea)
著；李建興譯 . -- 初版 . -- 新北市：野人文化
出版：遠足文化發行, 2020.11
　　面；　公分 . -- (Graphic times ; 18)
譯　自：Death wins a goldfish : reflections from a
grim reaper's yearlong sabbatical.
ISBN 978-986-384-440-2(平裝)

1. 圖文繪本 2. 假期 3. 生活指導

494.35　　　　　　　　　　　　109009073

前言：如果重來一遍，你會給 30 歲的自己什麼勸告？

在生活與工作之間找到平衡——我經常聽到這句話。但真正的意思是什麼呢？少工作一點嗎？多去度假嗎？如果到頭來，我們帶著遺憾回顧我們揮霍掉的歲月，心想早知道多享受一點，那為什麼還要努力工作呢？我時常想到這個問題，而且總帶著內疚。

我是靠畫圖謀生的。這是需要熱情的事業——我遵循自己具備的天賦，因為比起其他選項，這是我最喜歡做的事。我很感激身為畫家帶來的許多好處，但如果說有什麼壞處，大概就是我永遠無法「關機」。工作和想著工作，兩者之間很少有空檔；我腦子裡永遠有個計畫，我當下正在做的，或未來可能的新計畫[1]。「工作中」的燈號永遠亮著。我的時間有時候必須跟家庭競爭，有時候是跟旅行、人際關係，偶爾與我自己的健康競爭[2]。還有個奇怪的事實，每當我不工作，想要休息一下的時候，我會對自己沒在工作這件事感到焦慮[3]。相反的，我哥哥不喜歡他的工作，他喜歡陪伴老婆和兩個孩子。我很欣賞他。他在奧蘭多有一間分時度假屋。

當畫家之前，我在《紐約時報》當藝術指導。我負責監督報紙的其中一版，任務包括委外繪圖、設計版面、監督數位計畫，以及管理所有事情，每天大約晚上六點完成。我總是很緊張，我坐在標示著自己名字的小隔間裡，上頭有主管要報告。我上班都穿西裝。在那邊工作了將近五年，我學到很多，也萬分感激有這個機會。但如果老實說，那是個瘋狂的差事[4]。我現在仍然會夢到在那邊工作，夢裡我焦慮到不行。

我在《紐約時報》的最後一年，開始在素描簿裡列出令我焦慮的事物清單——截稿期限、跌落鷹架、外星人綁架等等。列了幾個月之後，我發現有件事我必須解決，所以我開始考慮轉職。

2008 年 6 月 5 日星期四，以攀登全世界摩天大樓聞名的法國冒險家亞蘭．羅伯特來到紐約時報大樓無繩獨攀。沒有安全索，52 層樓高。我還記得被人潮擠得貼在玻璃上，觀看羅伯特先生爬到第幾層——所有人彼此推擠，彷彿有隻獨角獸飛進了我們辦公室。真是不得了。就在世界上最繁忙、最擁擠、最令人窒息的地方之一，羅伯特先生正進行著如此自由奔放的事，完全不受工作與生活兩者的拘束。我衝進總編的辦公室，問他：「你有沒有聽說有人在大樓外牆攀爬？！」他只回答：「有，他是法國人。」真是太神奇了。

2001 年我爸退休後不久，我飛回麻州老家去看他和家人。每次我回家，我爸都會到機場接我。從波士頓的洛根機場到切姆斯福特我父母家的車程大約 45 分鐘，通常我們會討論下列主題：工作、家庭和朋友、健康和健身、車子的事（通常是里程表上跑了幾哩路）、我現居州的稅務、我住過的社區八卦、至少一個不妥的笑話、我父母的寵物、政治，和釣魚。這次

---

1 本書就是計畫之一。

2 自由業者或認識自由業者的人都看過那種心不在焉的茫然眼神。我老婆稱之為「離開去小島」。

3 我每年夏天去瑞典探訪內人的娘家時，感覺好像整個國家停擺了三個月左右。瑞典人完全想通了工作與生活平衡這回事。

4 我的第一份工作也是個瘋狂差事：在松丘路的史皮洛雞蛋農場工作。當時我 12 歲，我的任務是把雞蛋放進紙盒。我在紐約時報的角色其實也差不多——新聞像雞蛋一樣，輸送帶上總是源源不絕，永不停止。我的工作是盡可能整齊地把它們放進正確的洞裡。

回家，似乎該問問他退休後的新生活。我必須說明，我爸是個好父親，非常支持小孩，但他工作很多——通常五點起床，六點上班，經常天黑後才回家。成長過程中，工作倫理很重要。我媽在家工作，當簿記員，同時養三個瘋狂的兒子（加上社區其他家庭的每個小孩）。「讓你自己不可或缺」、「別把錢丟在桌上」、「絕對別讓他們看到你流汗」，和「如果你要做一件事，第一次就要做對」這些話，經常在身邊流傳。然而，眼前的我爸完全變了一個人，我一時之間竟然把他當成了別人。在我心目中，他比較睿智，很有想法。所以我打斷例行話題，改問他：「欸，老爸，如果你可以重來一遍，你會給 30 歲的自己什麼勸告？」我爸毫不遲疑地向我說了這幾個字：「少工作點。」

本書是為了那些沒收到勸告的人而畫的[5]。

我爸的話我銘記在心。我開始思索，是誰比所有人都要努力工作？我們都聽過別人「工作到死」的瘋狂故事。隨著年紀漸長，爬上了人生的想像斜坡之頂，我更加體會到人生是多麼有限——剩餘的日子比我探索過的日子還少了[6]。很難過，但這是真的。全世界的死亡率是，幾乎每一秒都有兩人死去，想起來真的很誇張。以那些統計數字看，或許可以說，死神比任何人都賣力！他從來不休息的。

不過試著想像，如果人力資源部告訴死神，他必須把假期休掉——休息一整年的時間。有這麼多空閒時間，死神會做什麼？他去哪裡？會過怎樣的生活？他會寫札記嗎？（會。）他會說話嗎？（不會。）

這本書從頭到尾，死神絕不「工作」（意思是，殺掉任何人）。畢竟他在度假，盡量不工作。當然，死神公司有別的員工相當忙，所以還是會有人死。但不是我們這位朋友動手，他太忙著生活了。

注意：死神不是我們普通人。

他不是這個俗世的人，所以我們活人日常會做的大多數事情（外食、約會、上社群媒體、修指甲等等）對他或許有點陌生。死神永遠只專注於一件事：死亡。所以對於活著這件事，他是很天真的。不過他還是盡全力融入，大多數時候他在人群當中很開心。但他終究要設法適應我們活人必須面對的一些事情：具體來說，當我們休息時，還是會焦慮自己**沒在工作**。

那就是死亡的部分。

也要注意：本書的重點不在死亡。

沒錯，死神是我們的主角，但《死神休假～撈金魚 <><》也可以是描述一根工作太賣力的香蕉，一樣可以傳達出相同概念。不過根據資料，死神工作比香蕉努力多了，況且死神能提醒我們，生命是有終點線的。

最後注意：**本書的重點是生活。**

我的大學導師朗・米納德，是賓州哈里斯堡《愛國者新聞報》的前總編輯，他建議我「學習何時要划船，何時要讓槳休息」。他也告訴我：「不管發生什麼事，都絕對不要去報社上班。」報社這方面我讓他失望了，但是希望我做出這本書之後，學會了怎麼讓我的槳休息。希望你看了本書之後也學得會。

---

5 我該告訴大家，兩年後我爸又回去上班了——他和我媽堅持他們需要錢。我猜是因為我爸厭倦了天天遛我媽的約克夏犬。
6 現在我只有出現不明疼痛時，才會焦慮。

JANUARY

一月

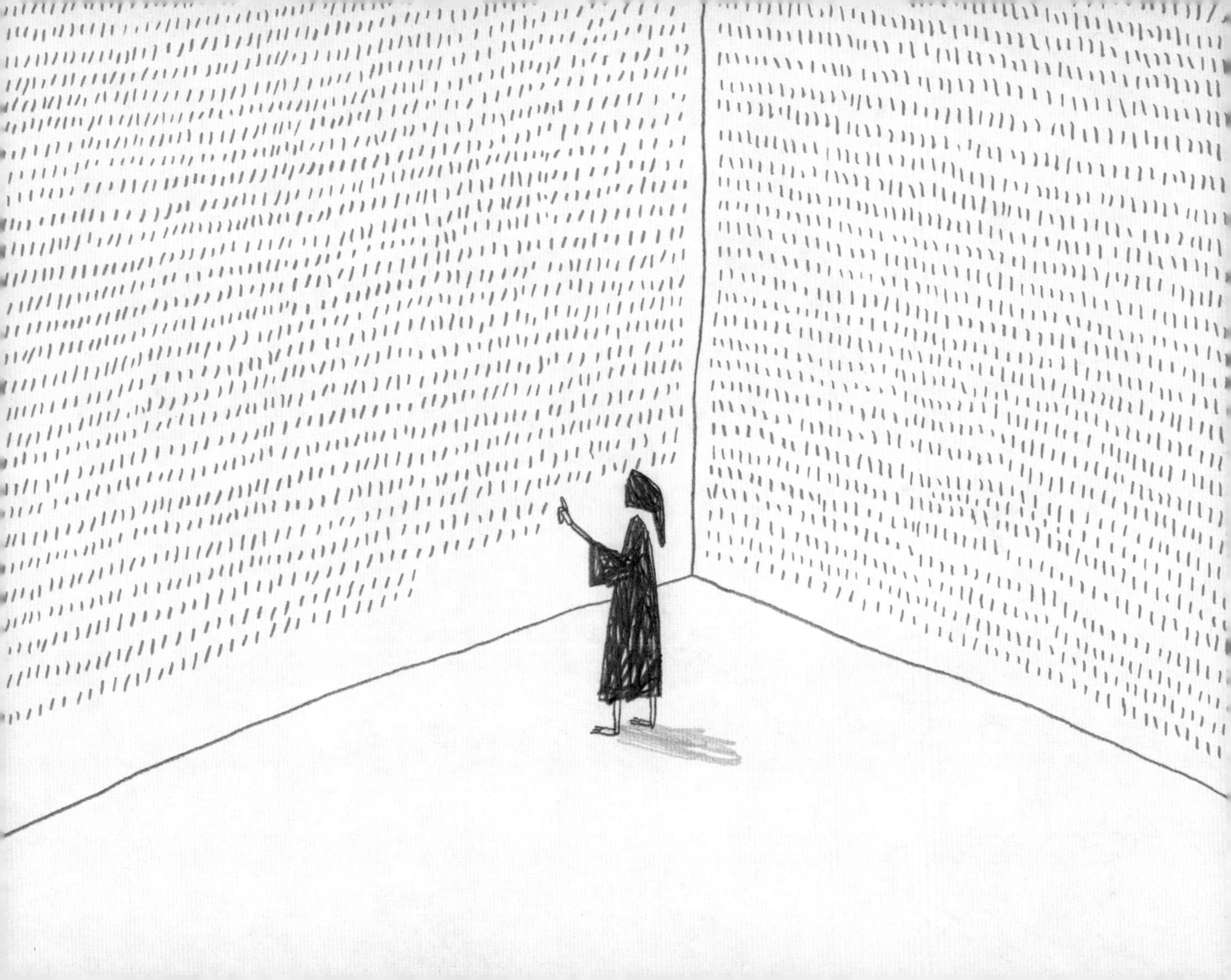

發文者：人力資源部
主旨：休假日期

我們注意到您有相當大量的未休假天數。紀錄顯示您從未請過病假、年假或事假。

雖然我們感謝您對公司的持續貢獻，但您必須從<u>星期五</u>開始使用您的假期。

我們祝您休假期間一切順利，並期待您回來之後再會。

人力資源部　敬啟

休假一年……我從來沒休過一天假啊！

我要去哪裡？我該做什麼？

我每次旅行都是出差。

歡送會很棒，我覺得同事比我還興奮
（一定是香檳喝多了）。

FEBRUARY 二月

2月2日

睡不著。

一直在想時間，我現在有好多時間。

我太習慣了時間的終結，而非開始。我該寫個札記。

來列個清單好了（我喜歡清單），

我的清單通常只有人名，

但說不定我可以列一張想做的事……

看高_ 蒐集雪景球 扮裝派對 喝一兩杯酒
下會贏的賭注 在樹葉堆中玩 坐在海灘上 哭
造訪鬼鎮 健行 去巴黎 慢活 吃冰淇淋 大笑
騎機車 坐在山丘上 聽鳥叫 玩 讀一本書 床
奔牛節 數樹葉 走在雨中 露營 旅行 跳傘 寫作
做指甲 更新我的動態 拖曳傘 走路
身課 踩飛輪 參觀博物館 上衝浪課 觀光 聊
跳舞 跟鯊魚游泳 拍照 找到平衡 看電影 在雨中玩
洗澡 睡覺 加入健身房 找個嗜好 約會 爬山
採花 換個好一點的衣櫃 國內旅遊 上選修課 放鬆 游泳 公路旅行
在紅土上 做沙堡 藝術創作 認識鄰居 上劇院 釣魚
大聲喊叫 多出門 反省事情 購物 鬧PARTY
看騎術大賽 靜坐 寫詩 升級我的手機 慢慢來 劈
念品 走在小溪裡 看日出 吃早午餐 微笑
堆雪人 在雪地裡玩 順其自然 整理花園 可
看展覽 看看 參觀設施 跟海豚游泳 搞清楚 HAPPY HOUR 是什麼
天使 派對 歐洲 租一艘船 慶祝 搭地鐵
朋友 學DJ 買西裝 看看音樂祭 看夕陽
記錄我的旅行 拜訪艾米許人 找旅行社 居家改裝 買新毛巾 走在草地上
坐雲霄飛車 盡情盯著別人看 滑雪 閱讀 雕刻
幫助別人 抽菸 (反正不會死 :) 按摩
寫交友軟體自介 找到特別的人
讀現代愛情 買幾件藝術品

2 月 3 日

我不太擅長言辭，其實也沒什麼好說的。

「跟我走，」「不行，你不能帶狗⋯⋯」

同樣的事情老是上演。但是寫札記可以幫我整理思緒，

一大堆將來我可以回味的回憶。

　　　　　　　　那，我們開始吧 ——

2月5日

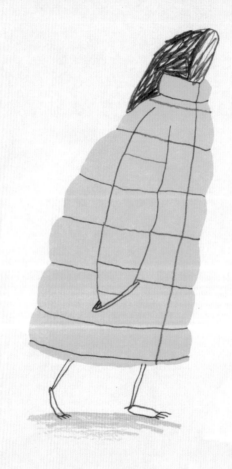

服裝升級完成。

社交這件事很棘手。
所以我努力培養對話的能力……
　「你覺得從這裡掉下去會很高嗎？」

2 月 19 日

今天跟公司聯絡了。積習難改。

業績下滑了，但是新人會想辦法。

似乎沒有我也做得挺不錯的。

2 月 21 日

看 Netflix 的動物紀錄片

（老樣子）。

MARCH

三月

園遊會耶！

如果你沒參加過，一定要去。

有人潮、遊戲攤、遊樂設施和炸甜甜圈，真是太瘋狂了。

就像上千個甜蜜的微笑沐浴在燈光下，

同時在旋轉與尖叫。

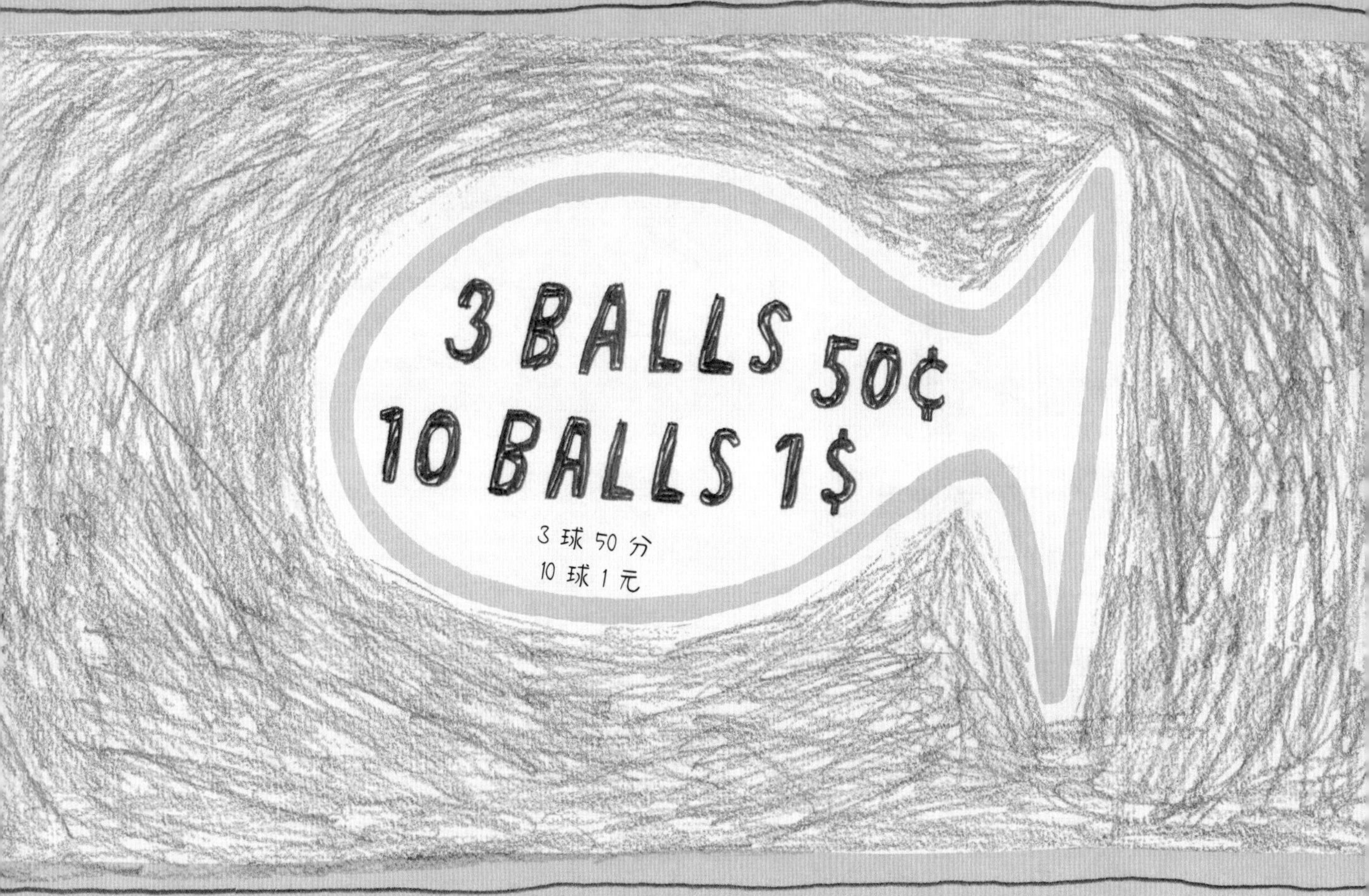
3 BALLS 50¢
10 BALLS 1$
3 球 50 分
10 球 1 元

真不敢相信我贏了獎品！
本來想擁抱他，
但是我決定改餵他一點炸熱狗。

（哈囉，小兄弟！）

今天真開心。

APRIL 四月

4 月 2 日

春天的氣息！

有了這麼多時間，

才發現自己多麼孤單。

或許該是自我成長的時候了……

4月10日

填了交友軟體自介，本來不太想的，

但是鄰居小玲推薦我試試看，

所以，嘣！完成了！

馬上就有配對——93% 相配。

　　　　　　　　　哈囉，死神太太！

真正的約會，啊！好緊張……為什麼？
我旅行過，認識很多人，我自認是個好的聽眾，

可能偶爾有點
陰沈危險……
這有什麼不可愛的呢？

進度太快了嗎

4 月 18 日

約會不如我期望的那麼順利。很傷心。

結果（又）來到地窖夜總會喝了幾杯。

認識了一對好情侶。他們很有同情心。

向我「想不想離開這裡？」

這通常是我的台詞。

我的判斷力出了大錯……

這陣子我不打算約會了。

MAY

五月

讓樹說話的其實是風，

你只要專心聆聽就好。

休假給了我時間與空間去思考我的人生要怎麼過。
我有什麼技能？我真的快樂嗎？
我忽然想到，
也許我真正想做的是開一家專賣正能量海報的公司。

小傢伙……他们也該休個假:)

5 月 13 日

我開始蒐集雪景球了。

好迷人的小小回憶，但是我懷疑

製造商並不這麼認為。

5 月 22 日

沙漠裡開了好幾哩的花。正好遇到盛開期。
我在一片振奮人心的彩色田野中舒展手腳。
這裡充滿了生命力，蜜蜂忙著採花。
我覺得有點愧疚，是不是也該回去工作了？
我從來沒學會何時划船何時停槳，
說不定躺在那片田野上是個好的開始。

罌粟花！

JU
六月
E

在海灘上待了一整天。都在想事情。

6月19日

溜魚兼聊天。

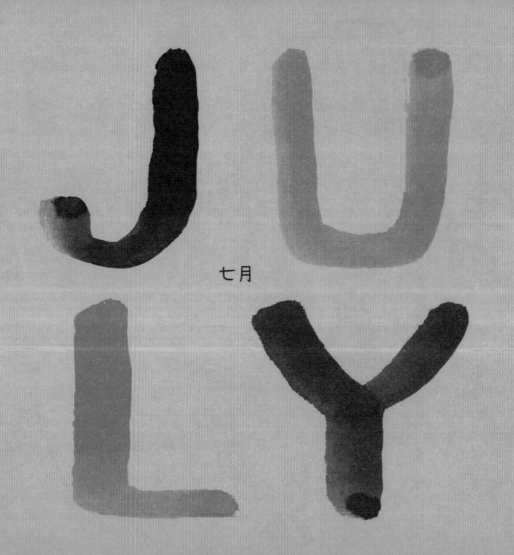

七月

7月2日

訂了一大堆單程機票！

我的旅遊路線看起來就像一張

布滿地球的大網。

7月 11日

今晚跟每個人都相處愉快，除了艾妮塔。

她好勝心太強了。

「賓果！」— 艾妮塔

哈哈哈

7 月 23 日

玩了拖曳傘，基本上只要坐著，

但是是孤零零地坐在高空椅子上（風超大）。

我想，該來試試比較社交性的活動了……公路旅行！

AUG-UST 八月

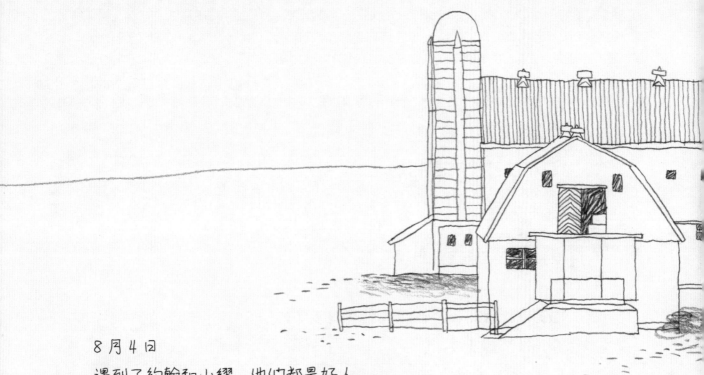

8月4日

遇到了約翰和山繆，他们都是好人。

我们交流了一些各自的工具使用心得與技巧。

我非常佩服。

8月8日

告示板寫著，鬼鎮 —— 前方三哩
於是我去看了看。馬上就認出來了
（以前去那裡辦過事情）。

十塊錢？為什麼進去什麼都沒有的小鎮還要收錢？
櫃台的小姐說這是維護費用。
我告訴她，看起來他們維護得不太好。
她覺得我很好笑，就讓我免費進去了。
微笑果然很重要。

8月 14日

去看了騎術大賽。好刺激，好多掌聲和大帽子。
不可思議！
我們唱國歌時，
有個穿著美國國旗降落傘的人從天而降。
他接近競技場時眾人歡呼，
但不知為什麼偏離了軌道，
在大看台外面的停車場著陸了。
現場氣氛大變。大家看了哈哈大笑。

8月21日

遇到一個老同事。

8月 28日

今晚感觸良多。我忽然想到現在剩下的假期

已經比度過的少了。

或許我該試著用比較有意義的事填滿剩下的時間……

我確實做了很多事，認識了很多有趣的人，

但是我學到了什麼？

更重要的是，我有沒有成長？

SEPTEMBER

九月

9月7日

「人生最重要的是學習；當你停止學習，你就死了。」

湯姆克蘭西說的。他是《獵殺紅色十月》的作者（有翻拍成電影，史恩康納萊和年輕的亞歷鮑德溫主演）。

愛因斯坦也說過大致相同，但沒那麼極端的話：

「一旦你停止學習，就開始死去。」

當然，他是世界上最聰明的人，但是這兩個人都死了，
這表示學習不再是他們的優先事項。

可是對我來說，仍然是。

所以，我決定去當地的大學就讀。

新生訓練下週開始。

認識了室友，他有點沈默，但是那家人還不錯。

「警察來了！」
PARTY 結束
我從後窗溜走

結果在樹叢裡醒來。

9 月 25 日

我退學了。

我可以應付工作，但是我的肝

絕對無法應付那種「生活」。

OCTOBER

十月

到期日…到期日…
啊，在這裡……牛奶永遠很清楚自己
何時會死掉，一定很難過。

10月10日

造訪了以前住過的社區。面目全非。
一切都變了，擁擠，鋪柏油的街道，
還有無線網路……

10 月 15 日

有時候還是獨處最好。

表示你可以獨享所有的烤棉花糖。

這可是件大事。

10 月 20 日
看到了紅木林，比我想像的更巨大！
其中一棵中央有個大洞。
導遊說它正在「慢慢地死去」
等大家都離開之後，我走進裡面。
所有的聲音都消失了。感覺既渺小又溫暖。
它絕對沒有死去，它是在慢慢過活。

10 月 29 日

在變裝大賽的表現很不錯（第三名）！

我賭「泡沫女孩」會贏，

但觀眾支持的是「性感消防員」。

「秀你的水管！秀你的水管…！」

NOVEMBER

十一月

11 月 1 日

葉子會掉落，時间會過去，但我還在這裡。
我就在家裡做些事吧
（記得把衣櫃裡的毛衣拿出來）。

ALL THE SINGLE LADIES

ALL THE SINGLE LADIES

ALL THE SINGLE LADIES

＊碧昂絲暢銷曲〈單身女郎〉

我發現了繪畫的樂趣。

這幅畫的標題叫

「雨和岩石在盒子裡打架」。

這是我的最新作品 ——

「顫抖的大麥町」。

（也是我的最愛）

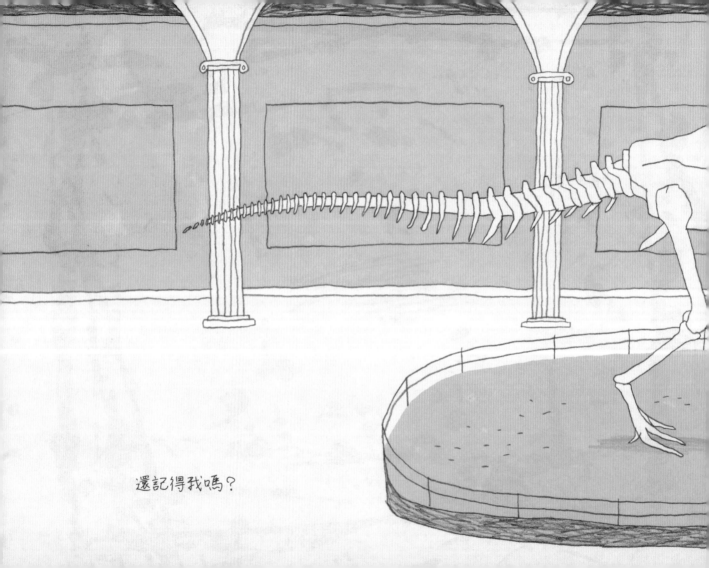

DECEMBER

十二月

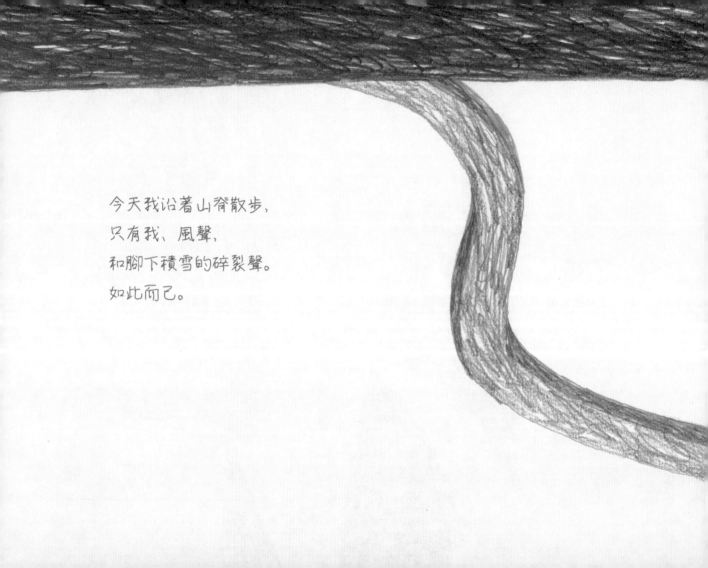

今天我沿著山脊散步，
只有我、風聲，
和腳下積雪的碎裂聲。
如此而已。

12 月 14 日

有時候我在假日

也會覺得寂寞……

但是送禮可以趕走那個感覺。

12 月 20 日

休了這麼久的假，

要回去上班有點緊張。

昨晚夢見我回到辦公室，

忘了我的工作該怎麼做。

回來上班了。

見到辦公室的大家，既緊張又興奮，

或許休假改變了我，

也改變了別人對我的看法。

或許我只是看起來曬黑了，又有充分休息。:)

不過，我感覺不一樣了，

成長不是正確的形容，這比較偏向內在，

好像我吞下了什麼會發光又好吃的東西。

無論如何，我需要一點時間消化。

我很慶幸我有寫札記（一路上還交了些朋友）。

我迄今的人生一直是為了別人，大多是離開的人。

我還能說什麼？這是我的工作，我就是幹這個的。

但如果說這一年來我學到了什麼大事，

那就是，跟別人共度快樂時光很重要。

微笑也很重要。

我學到了讓人們進來，而不是把他們帶出去（哈哈）。

總之，人生苦短，所以我會好好利用。

　　好好生活。

WAKE UP EARLY
Find myself
BIRD WATCHING
Learn karate
HAM RADIO
LEARN TO DJ
chop wood
CLEAN OUT GARAGE
PAINT
GET TAKE-OUT
MAKE CAKES AND TEA
Host dinner party
BREW SOME BE
LEARN A MUSICAL INSTRUMENT
LOOK OUT THE WINDOW
NEW SHOES
Stand-up-paddle board lesson
CHECK OUT COMIC-CON
IMPROVE COMMUNICATION SKILLS
TAKE TAXIS
RAVE
Decorate
GET SOME HIGH-THREAD-COUNT SHEETS
OPI
ACC
TR
KARAOKE
MAKE CAKE
Listen to K-POP
RIDE BIKES
TACOS
Los Angeles
BUY A PLUSH R
Board games
TAKE A TRAIN TRIP
WRITE MEMOIRS
YES
WATCH SOME ROM-COMS
Make an effort
Eat really good
SHOP FOR NEW COFFEE TABLE
Stay up late
JOKES
BUY NEW SUCCULENTS
MAKE A LIST
MEET WIT
HA HA
visit faraway places
CROSSFIT
Test-drive electric cars
SHOP FOR HOUSEWARES
Avoid the news
LEAR
CELEBRATE DAY OF THE DEAD
Hover board
GET IN THE FLOW
WATCH ROM-COMS
Karaoke
VISIT MONUMENTS
not too much
ENTER COSTUME CONTEST
Life-drawing classes
CLEAN OUT GARAGE
LEA
Check in with work but
BEACH
DARTS
LEARN DANCE MOVES
COUNT STARS
TRY BOBA
PUT MY FEET UP
YACHT
FEELINGS
Visit tree arboretum
GO TO THE ZOO
DONATE TO MANATEE CHARITY
SKINNY DIPPING
LET MY HOOD DOWN
Read trashy n
Go to ball game
DRINKING GAMES
TRY A HAMBURGER
Take photo class
CARDS WITH THE BOYS
OUTLET SHOPPING
TRY
LISTEN MORE
ORIGAMI
PIES
BUY SOME NEW THROW PILLOW
BACK PACK
SHOTGUN A BEER
DECORATE HOUS
VISIT DEATH VALLEY
RESPOND TO OLD EMAILS
TATTOOS
WINE O:CLOCK
CHILL-LAX
ORGANIZE CLOSETS
ENJOY
MAKE S'MORES
SWIM
SHOOT HOOPS
Work on a nickname
RENT BEACH HOUSE
HAVE FUN
Shuffleboarding
BUY SCENTED CA
LOOK HOT :)
STAY HEALTHY
MASSAGE
GO TO A ROCK CONCERT
COOK
Smile more
RUN
Check out planetarium
TURN IT UP
SCARE PEOPLE FOR FUN
EAT OUT
GET
ET A FACIAL
BUY NEW PATIO FURNITURE
Pizza
POOL PARTY
UPDATE SOCIAL MEDIA
PARTYING
KEEP A AILY OURNA
CLEAN OUT THE CLOSET
CATCH UP WITH SITCOMS
Throw rager
JUST SAY YES
GO-CART IN THE POCKET
GET SOM CANDY
BUY A NEW HAT
PLAY WITH THE CAT
Sketching
HOT DOG
S
GET OUT
Get a pet
CHANTING STAY COOL
HOT PRETZEL IN THE PARK
FEED PIGEONS
STAY IN THE POCKET
Piña Colada
EURO-RAIL
SPIN CLASS
VISIT GHOST TOWNS
HOLLYWOOD STAR TOUR
CHECKUP

PLACE ONLY WIN BET? collect snow globes WIN A PRIZE SIT IN A COFFEE SHOP ROOM SER
ATCH ANYTHING VISIT GHOST TOWNS GO FOR A HIKE PLAY IN LEAVES COSTUME PARTIES HAVE A DRINK O
Y SPICY FOOD SIT ON A HILL listen to birds PARIS SLOWING DOWN SIT ON THE BEACH
RIDE A MOTORCYCLE Count leaves WALK IN RAIN PLAYING READING A BOOK Eating ice cream LAV
RUN WITH THE BULLS SLEEP IN
AMBLE GET LOST GET A MANICURE UPDATE MY STATUS Camping SKY DIVING WRITI
AX Chase birds TRY SPIN Visit museums SURF LESSON TRAVELING PARASAILING WA
ET A TRAINER DANCE SWIM WITH SHARKS FINDING THE BALANCE SIGHT SEEING Playing in rain
AT GOOD RUN take pictures WATCHING MOVIES
COACH TAKE A BATH SLEEP Going on a date
CK FLOWERS (EVEN DEAD ONES) UPGRADE WARDRO JOIN A GYM GETTING A HOBBY CLIMBING MTS
COOK jump in puddle MAKE SAND CASTLE make art SEE THE COUNTRY take a class RELAX SWIMMING
WIM SHOUT OUT LOUD SWIMMING ROAD TRIP
SLACK LINE SEE A RODEO sit real still REFLECT ON THINGS MEET THE NEIGHBORS THEATER fishing
BUY SOUVENIRS walk in creek WRITE A POEM Go shopping HAVE A PARTY
EXERCISE MAKE A SNOWMAN WATCH THE SUN RISE UPGRADE MY PHONE take my time
E GAMING GO TO A FAIR SEE PLAY IN THE SNOW LET THINGS GO Do SOME YARD WORK HAVE AFF
AKE SNOW ANGEL visit open houses swim with dolphins GO TO BRUNCHES SMIL
MAKE FRIENDS PARTY EUROPE RENT A BOAT CELEBRATE SEE WHAT HAPPY HOUR IS ALL ABOU COCO
GENEROUS LEARN TO DJ Buy a suit CHECK OUT COACHELLA Ride the subway
DOCUMENT MY TRAVELS
AYBE GET VISIT THE AMISH SPEAK TO TRAVEL AGENT Watch the sunset
PET RIDE A ROLLER COASTER WALK IN MEADOW
EETS HELP OTHERS stare at stuff as long as I want HOME IMPROVEMENTS BUY NEW TOWELS CARVE PUMPKI
RBNB MAKE A DATING PROFILE SKIING Read the paper MASSA
READ Modern love TRY SMOKING (NOT GONNA KILL ME :) FIND SOMEONE SPECIAL
ON BAKING BUY SOME ART JOIN A BOWLING LEAGUE
BUNGEE JUMP Roller derby ENJOY A SENIORS CRUISE (FOR FUN THIS
ALLING Plan for the future CERAMICS CLASS TEND TO THE PLANTS MOU
UPGRADE MY SEAT SNACKS CATCH UP ON THE NEWS
SOME GET RUEE